BEI GRIN MACHT SICH IHR WISSEN BEZAHLT

- Wir veröffentlichen Ihre Hausarbeit, Bachelor- und Masterarbeit

- Ihr eigenes eBook und Buch - weltweit in allen wichtigen Shops

- Verdienen Sie an jedem Verkauf

Jetzt bei www.GRIN.com hochladen und kostenlos publizieren

Steffen Blatt

Möglichkeiten zur Beschreibung und Quantifizierung von Dürren

GRIN Verlag

Bibliografische Information der Deutschen Nationalbibliothek:

Die Deutsche Bibliothek verzeichnet diese Publikation in der Deutschen National-
bibliografie; detaillierte bibliografische Daten sind im Internet über http://dnb.d-
nb.de/ abrufbar.

Impressum:

Copyright © 2010 GRIN Verlag, Open Publishing GmbH
Druck und Bindung: Books on Demand GmbH, Norderstedt Germany
ISBN: 978-3-640-69537-9

Dieses Buch bei GRIN:

http://www.grin.com/de/e-book/155407/moeglichkeiten-zur-beschreibung-und-
quantifizierung-von-duerren

SS 2010

Seminararbeit zum Thema:

Möglichkeiten zur Beschreibung und Quantifizierung von Dürren

Abgabe: Juni 2010

Eingereicht von:

Steffen Blatt

Inhaltsverzeichnis

1. Einleitung

Dürren gehören zu den schlimmsten Naturkatastrophen die weltweit anzutreffen sind. Dies liegt an den Eigenschaften einer Dürre und hat mehrere Gründe. Ein wichtiger ist sicherlich, dass Dürren nicht schnell entstehen, kurzeitig ein bestimmtes Gebiet betreffen und dann wieder verschwinden, wie bei Vulkanausbrüchen, Hochwassern, Tsunamis oder Stürmen. Dürren sind ein schleichendes Phänomen, das oft unbemerkt beginnt und dann über lange Zeiträume, zum Teil Jahre, ein bestimmtes Gebiet betreffen kann. Wenn dabei große Gebiete betroffen sind und die Dürren lange anhalten, kommt es zunächst oft zu Ernteeinbußen, da die Böden als erstes austrocknen. Darauf folgen Trinkwassermangel und auf längere Sicht ist auch die Versorgung der Bevölkerung mit Nahrungsmitteln gefährdet, wenn keine entsprechenden Speicher angelegt wurden sind und mehrere Erntezeiträume betroffen sind. Besonders die Landwirtschaft ist auf ausreichend Niederschlag oder Bewässerung angewiesen und ist somit bei Dürren schnell betroffen. Welche enormen Auswirkungen Dürren haben können, zeigen Beispiele aus Indien und China. In Indien waren im Jahr 2002 etwa 300 Millionen Menschen von einer Dürreperiode betroffen und in China starben 1928 ca. 3 Millionen Menschen (Statista 2010). Das sind zehnmal mehr als bei dem Tsunami von 2004 in Südostasien ums Leben kamen. Dennoch wird Dürren oft wenig Aufmerksamkeit geschenkt. Sie sind ein schleichender Prozess und nicht so spektakulär wie z.B. Hochwasser, weshalb sie auch nicht medienwirksam eingesetzt werden können. Außerdem treten Dürren gerade in West- und Mitteleuropa nicht so häufig auf und meistens auch nicht über lange Zeiträume, so dass selten große Schäden entstehen. All dies hat zur Folge, dass Dürren ein relativ wenig erforschtes Phänomen sind, verglichen mit Hochwassern oder Stürmen.

Diese Arbeit versucht nun Dürren aus verschiedenen Blickwinkeln zu betrachten und damit einen Weg zu öffnen, dieses Naturphänomen besser zu verstehen. Eine differenzierte Betrachtung ist hier von Nöten, um den verschiedenen Ansprüchen gerecht zu werden, die an die Wassernutzung gekoppelt sind. Es wird deutlich werden, dass Dürren schwer zu definieren und zu klassifizieren sind, da sie so viele verschiedene Facetten haben. Doch gerade für das Dürrenmanagement sind solche Definitionen und Klassifikationen wichtige

Instrumente, um entsprechend auf Dürren vorzubereiten, ihnen vorzubeugen und die Schäden bestmöglich zu beseitigen. Auf den Klassifikationsansätzen gibt es aufbauend eine Reihe von Indikatoren, um Dürren festzustellen und deren Intensität zu bestimmen. Ein umfassendes Verständnis der Ursachen, Betrachtungsweisen und Auswirkungen von Dürren wird vorausgesetzt, um das Dürrenmanagement effektiv zu gestalten.

2. Eine allgemeine Begriffsdefinition von Dürre

Zu dem Begriff „Dürre" gibt es viele verschiedene Definitionen, die je nach Perspektive verschiedene Aspekte beleuchten können. Wichtig ist jedoch zunächst, dass Dürre nicht mit Aridität verwechselt wird. So ist Dürre ein temporäres Phänomen, während Aridität das Klima einer bestimmten Region bezeichnet (vgl. Hisdal & Tallaksen 2000: 1). Die Vielfalt der Definitionen haben u.a. Donald A. Wilhite, der Direktor des National Drought Mitigation Center (im Folgenden: NDMC) und Michael H. Glantz vom National Center for Atmospheric Research, beides Institutionen aus den USA, in den 1980er Jahren untersucht. Dabei haben sie mehr als 150 verschiedene Definitionen für „Dürre" in der englischsprachigen Literatur gefunden (Wilhite & Glantz 1985: 113). Beispiele für Definitionen aus dem deutschen Sprachraum finden sich z.B. in dem *Lexikon der Geographie*: „Dürre, klimatisch bedingte Trockenperiode mit sehr geringen Niederschlägen und hohen Temperaturen. Je größer das Wasserangebot vom Mindestbedarf der Vegetation abweicht, desto gravierender ist eine Dürre" (Lexikon der Geographie 2006). Eine weitere Definition findet sich in dem Grundlagenwerk für physische Geographie von Strahler und Strahler: „Dürre bedeutet das Auftreten von unter dem Mittelwert bleibenden Niederschlägen in der Jahreszeit, in der normalerweise reichlich Niederschlag fällt. Der Begriff wird gewöhnlich verwendet mit Bezug auf die Jahreszeit und das Wachstum von Pflanzen, die die Nahrung für die Menschen und ihre Haustiere liefern" (STRAHLER & STRAHLER 1999: 606). Beide Definitionen greifen dabei das relative Defizit zu einem bestimmten Wasserbedarf auf. Dieser bezieht sich hier vor allem auf die Vegetation als die Grundlage der Ernährung der Bevölkerung und der Tiere.

3. Klassifikationen von Dürren

Da es so viele verschieden Definitionen von „Dürre" gibt, erscheint es sinnvoll diese in weitere Klassifikationen zu unterteilen. Dafür gibt es allerdings auch wieder unterschiedliche Möglichkeiten, die im Folgenden näher erläutert werden.

Die oben angesprochenen deutschen Definitionen von „Dürre" können als konzeptionelle Definitionen verstanden werden. Sie helfen zu verstehen, was eine Dürre ist und welche Auswirkungen sie haben kann. Dem gegenüber gibt es aber auch noch die operationalen Definitionen von „Dürre". Hierbei geht es darum den Beginn, das Ende sowie den Grad und das Ausmaß der Dürre zu verstehen. Dies geschieht in den meisten Fällen in der Relation zu einem bestimmten, für die jeweilige Region quantifizierbaren Mittelwert. Dieser wird oft über das 30-jährige Mittel gebildet. Eine Definition in diesem Sinne für die Landwirtschaft könnte so z.B. den täglichen Niederschlag mit der potentiellen Evapotranspiration vergleichen, um dadurch den entsprechenden Wasserbedarf der Pflanzen abzuleiten. Diese Ergebnisse könnten dann auf das Pflanzenwachstum in den verschiedenen Wachstumsphasen bezogen werden (Wilhite & Glantz 1985: 113). Es lässt sich also erkennen, dass aus solchen Definitionen konkrete Handlungsanweisungen für spezifische Nutzer des Wassers abgeleitet werden können.

Eine weitere Möglichkeit, Dürren zu klassifizieren, erfolgte 1994 nach Mawdsley et al. Diese betrachteten Dürren zum einen aus natürlicher Sicht und aus der Sicht der Wasserversorgung. Für ersteres benutzten sie Indikatoren, die die direkten Auswirkungen auf den Wasserkreislauf messen bzw. natürliche Indikatoren. Menschen, die direkt vom Niederschlag abhängen, wie Agrarwirte, Gärtner und andere, sind von dieser Art Dürre betroffen. Dabei kann der Wasserkreislauf durch Veränderungen im Niederschlag, im Abfluss oder in der Bodenfeuchte beeinflusst werden. Diese Indikatoren helfen so wiederum bei der Beurteilung der Frequenz von Dürren sowie ihres Ausmaßes und der Dauer. Hierbei wird normalerweise auch wieder ein Mittelwert von durchschnittlichen Werten als Vergleichsmaß benutzt. Dürren aus Sicht der Wasserversorgung sind dagegen nicht unbedingt meteorologisch bedingt. Sie beziehen sich auf ein Defizit in der Wasserversorgung und betreffen Menschen, die nur indirekt vom Niederschlag abhängig sind, wie die Industrie oder die privaten Haushalte. Mawdsley betont aber auch, dass die meisten Dürren eher eine Kombination aus den beiden beschriebenen sind (vgl. Mawdsley 1994: 15ff.). In diesem Sinne kann eine Dürre also auch durch den Menschen verursacht sein, indem entweder der Bedarf an Wasser für die gegebenen Ressourcen zu hoch ist, das Wasser zu falschen Zeitpunkten entnommen wird oder keine entsprechenden wasserspeichernden Maßnahmen getroffen werden.

Jedoch scheinen Wissenschaftler mittlerweile zu dem Konsens gekommen zu sein, dass Dürren prinzipiell von vier verschiedenen Perspektiven betrachtet werden sollten. Dies sind die meteorologische Dürre, die hydrologische, die landwirtschaftliche und die sozioökonomische Dürre. Die ersten drei können dabei auch als natürliche Indikatoren gesehen werden und die vierte als Wasserressourcenindikator, was wiederum in etwa der Klassifikation nach Mawdsley entspricht (vgl. Hisdal & Tallaksen 2000: 3). Auf diese vier Perspektiven wird in den nächsten Unterkapiteln näher eingegangen. Wie die ersten drei Klassifikationen, also die meteorologische, landwirtschaftliche und hydrologische Dürre zusammenhängen, zeigt schon die folgende Abbildung 1. Hier wird deutlich, dass diese drei Dürrearten Auswirkungen auf soziale, wirtschaftliche und ökologische Systeme haben können.

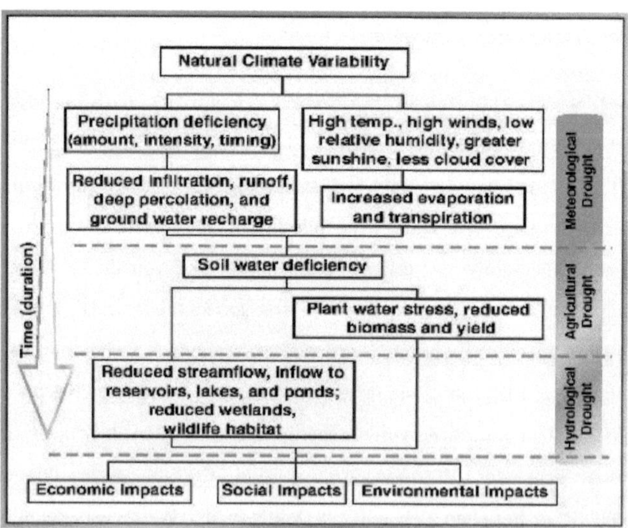

Abb. 1 Zusammenhang der verschiedenen Dürren (National Drought Mitigation Centre)

Für die verschiedenen Dürrearten gibt es mittlerweile auch eine Vielzahl unterschiedlicher und sich ergänzender Indizes. Um hier nicht den Überblick zu verlieren, sind diese in Tabelle 1 geordnet, wobei die Tabelle keinen Anspruch auf Vollständigkeit erhebt. Die einzelnen Indizes werden im Folgenden im Zusammenhang mit den Dürrearten näher erläutert, da diese auch einen Einfluss auf die Klassifikation einer Dürre haben. Multivariablen Indizes sind dabei komplexe Indizes, die zu ihrer Berechnung mehrere Variablen einbeziehen.

	Meteorologische Dürre	Landwirtschaftliche Dürre	Hydrologische Dürre	Sozioökonomische Dürre
Indizes mit nur einer Variable	- Dauer der Trockenperiode ---------------------- - prozentuale Abweichung vom durchschnittlichen Niederschlag ---------------------- - Abweichung vom effektiven Niederschlag ---------------------- - Standart Precipitation Index (**SPI**)	- Feuchte der oberen 20 cm des Bodens	- Abweichung des Abflusses vom Durchschnitt (Grenzwert-methode)	
Multivariablen Indizes	- Palmer Drought Severity Index (**PDSI**)	- Crop Moisture Index (**CMI**)	- Surface Water Supply Index (**SWSI**) ---------------------- - Reclamation Drought Index (**RDI**)	- Diskrepanz von Angebot und Nachfrage eines Gutes, das Wasser zur Herstellung benötigt

Tab. 1: Messmöglichkeiten und Indizes der Dürrearten (eigener Entwurf)

3.1 Die meteorologische Dürre

Meteorologische Dürren stellen meistens den Beginn von allen anderen Dürren dar, da sie ein Defizit des Niederschlags abbilden und somit an erster Stelle im Wasserkreislauf stehen. Genauer beziehen sich Definitionen von meteorologischen Dürren meistens auf die Dauer einer Trockenperiode bzw. wie lange der Niederschlag unter einem bestimmten Wert eines bestimmten Zeitabschnitts bleibt. Dieser ist natürlich wieder von Region zu Region unterschiedlich (Wilhite & Glantz 1985: 113). So gilt zum Beispiel eine Trockenperiode von sechs Tagen ohne Regen auf Bali bereits als eine Dürre, während es in Teilen Libyens schon zwei Jahre lang nicht regnen darf, um als Dürre klassifiziert zu werden (Hudson & Hazen 1964: Kap.18, S.1). Solche Grenzwerte scheinen zunächst willkürlich gewählt zu sein, darum ist es sinnvoll zu untersuchen, woher sie kommen und aus welchen Gründen sie so gewählt worden sind. Die Grenzwerte könnten so u.U. wieder mit bestimmten Auswirkungen auf die Vegetation oder die Wasserspeicherung zusammenhängen (Wilhite & Glantz 1985: 113).

Zusammengefasst sollten entsprechende Definitionen von meteorologischer Dürre jeweils einen bestimmten Grenzwert aufweisen, der für die jeweilige Region angepasst ist. Oft wird dafür auch das 30-jährige Mittel genommen. Allerdings ist dies meteorologisch gesehen und auch in Bezug auf die vorhandenen Messreihen, die es oft schon für mehr als 100 Jahre gibt, nicht unbedingt ausreichend bzw. repräsentativ (vgl. Hisdal & Tallaksen 2000: 6). Ein Beispiel wie dies aussehen könnte, zeigt Abbildung 2. Es wird von einer Dürre gesprochen, wenn der monatliche Niederschlag unter dem durchschnittlichen Niederschlag desselben Monats liegt. Der Vorteil einer solchen simplen Definition liegt darin, dass sie eigentlich auf alle Regionen der Erde angewendet werden kann. Außerdem wäre es so möglich Dürren in diesem Sinne weltweit zu vergleichen, indem z.B. die prozentualen Abweichungen vom Durchschnitt verglichen werden oder die Dauer der Dürren.

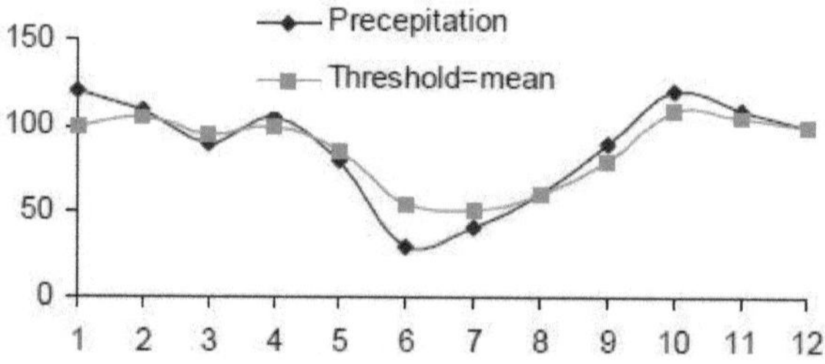

Abb. 2: Monatlicher Niederschlag und durchschnittlicher monatlicher Niederschlag. Dürre ist, wenn der monatliche Niederschlag unter dem Durchschnitt liegt (Hisdal & Tallaksen 2000: 7).

Eine weitere Möglichkeit eine meteorologische Dürre festzustellen, besteht in der

Bestimmung des effektiven Niederschlags. Allgemein wird darunter der Niederschlag gemeint, der zum Abfluss führt. Hier ist aber der Niederschlag gemeint, der ausreicht, um die Evapotranspiration auszugleichen sowie eine Bodenfeuchte zu erzeugen, die über dem Welkepunkt[1] liegt. Präziser ausgedrückt, ist damit der Evapotranspirationsbedarf gemeint. Dürre wäre in diesem Fall, wenn der Niederschlag unter dem effektiven Niederschlag liegt (vgl. Abb. 2) (Hisdal & Tallaksen 2000: 7).

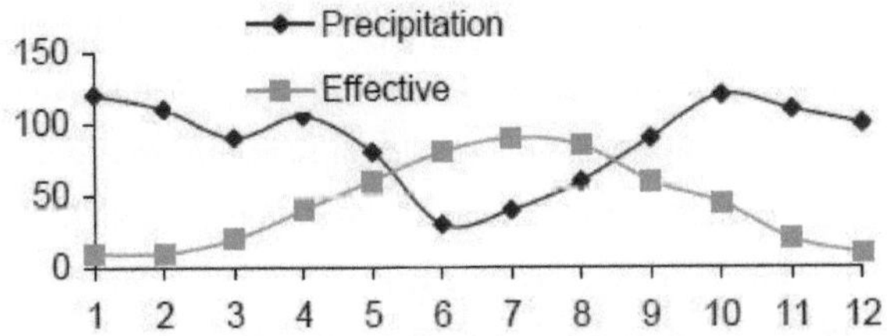

Abb. 3: Effektiver und monatlicher Niederschlag. Dürre ist, wenn der Niederschlag unter dem effektiven Niederschlag liegt (Hisdal & Tallaksen 2000: 7)

Ein sehr bekannter Indikator ist der Palmer Drought Severity Index (im Folgenden PDSI). Er wurde 1965 von W. C. Palmer entwickelt und wird als ein Indikator für meteorologische Dürren angesehen. Der PDSI wurde und wird v.a. in den USA benutzt, ist aber auch in Ländern wie China, Südafrika oder Australien ein bekannter und benutzter Indikator (vgl. Wilhite & Glantz 1985: 114). Mittlerweile wird der PDSI in den USA aber nicht mehr hauptsächlich benutzt, sondern nur noch für langfristige Vorhersagen berechnet und durch subjektive Einschätzungen mehrerer Experten ergänzt (Weekly Weather and Crop Bulletin 2010a: 2 f.). Der PDSI wird auch als ein multivariablen Indikator bezeichnet, da er mehrere Variablen in die Berechnung mit einbezieht, was ihn allerdings auch relativ kompliziert macht. Genaugenommen zeigt der Index die Abweichung der Feuchtigkeitsversorgung von den normalen Werten. Dabei wird die Feuchtigkeitsversorgung aus dem monatlichen durchschnittlichen Niederschlag, den Temperaturen sowie aus dem lokal verfügbaren Wasser des Bodens berechnet. Daraus können dann Daten zur

---

[1] Der Welkepunkt „kennzeichnet denjenigen Wassergehalt des Bodens, bei dem Pflanzen welken, ohne ihre Turgeszenz nach Wiederbefeuchtung des Bodens oder in wasserdampfgesättigter Luft wiederherstellen zu können. Laut Definition ist dies der Wassergehalt im Boden bei einer Wasserspannung mit pF-Wert 4,2" (Lexikon der Geographie 2006).

Evapotranspiration, Abfluss, Wasserbedarf des Bodens sowie Feuchtigkeitsverlust der oberen Bodenschicht berechnet werden. Auf menschliche Einflüsse wie Bewässerung oder aber auch andere Naturphänomene wie Stürme, die die Verdunstung deutlich erhöhen, wird bei der Berechnung keine Rücksicht genommen (Hisdal & Tallaksen 2000: 7). Der Wert, der sich bei der Berechnung ergibt, liegt auf einer Skala von -4 bis +4. Es können also sowohl trockene als auch feuchte Perioden angezeigt werden. -4 wäre eine extreme Dürre, -3 eine schwere, -2 eine moderate und -1 noch eine milde Dürre. Allerdings hat Palmer diese Werte auf der Basis seiner Berechnungen für zentral Iowa und Kansas kreiert. Um eine Vergleichbarkeit zu erzeugen, ist die Skala so angelegt, dass ein Wert von -4 in Iowa das gleiche bedeutet wie eine -4 in Kansas. Allerdings kommt Alley in seinem Artikel zu dem Schluss, dass der PDSI einige Beschränkungen hat. So sind die Werte für die Skala relativ willkürlich gewählt, da sie nur aus den Werten von den zwei Regionen bestehen. Außerdem ist der Index nicht so gut für große Regionen einzusetzen und ebenso wenig für Bergregionen, wo es zum einen mehr extreme Wetter gibt und zum anderen die Schneedecke eine wichtige Rolle für die Wasserversorgung spielt. Diese wird jedoch nicht mit in den Index integriert (vgl. Alley 1984: 1105 ff.). Somit ist es letztendlich auch nicht verwunderlich, dass dieser Index heutzutage nicht mehr in dem Maße benutzt wird wie noch vor einigen Jahrzehnten und zudem heute durch subjektive Einschätzungen erfahrener Experten ergänzt wird.

Ein weiterer weitverbreiteter meteorologischer Niederschlagsindex ist der „Standard Precipitation Index" (im Folgenden SPI). Dieser wird weniger in den USA benutzt, dafür aber z.B. vom Deutschen Wetterdienst herangezogen, um Dürrekarten für Deutschland zu erstellen oder aber auch um den Niederschlagsüberschuss darzustellen. Der SPI wurde 1993 von McKee et al. an der Colorado State University entwickelt. Er basiert auf der Wahrscheinlichkeit des Niederschlags auf verschiedenen Zeitskalen. Dabei werden, vereinfacht gesagt, die Niederschläge verschiedener Zeitskalen von 1-, 3-, 6-, 9- oder 12- monatigen Abschnitten in Relation zu denselben Abschnitten in der Vergangenheit gesetzt. Als Grundlage dient bei der Berechnung nur der Niederschlag, weshalb der SPI im Gegensatz zum PDSI kein multivariablen Index ist (vgl. u.a. Hayes o.J: 2 f. und Deutscher Wetterdienst). Genauer wird der SPI durch verschiedene statistische Verfahren berechnet. Wie dies beispielsweise für eine dreimonatige Berechnung des SPI aussieht, ist auf der Homepage des

Bayrischen Landesamts für Umwelt (2008) beschrieben:

„Der SPI-Wert wird zunächst stationsweise ermittelt. Dabei werden jeweils vom heutigen Tag aus gleitende 3-Monats-Summen des Niederschlags gebildet und für die jeweils gleichen Bezugszeiträume (z.B. 01. Juni - 01. August eines jeden Jahres) der Größe nach sortiert.
Die dadurch gewonnene empirische Wahrscheinlichkeitsverteilung der Niederschlagsmenge (z.B. von 01. Juni - 01. August) wird dann einer theoretischen Gamma-Wahrscheinlichkeitsverteilung angepasst. Diese wird anschließend in eine Normalverteilung transformiert, so dass der Wahrscheinlichkeit der Niederschlagsmenge ein SPI-Wert zugeteilt werden kann und der mittlere SPI-Wert Null ist. Der aktuelle SPI-Wert ist dann gleich dem Multiplikator der Standardabweichung der Normalverteilung.
Anschließend werden die SPI-Werte, die für die einzelnen Stationen ermittelt wurden, noch räumlich interpoliert, um eine flächige Kartendarstellung zu gewinnen."

Wie die entsprechenden Skalierungen und Eintrittswahrscheinlichkeiten der einzelnen Ereignisse aussehen, kann der folgenden Tabelle 2 entnommen werden. Die Wahrscheinlichkeit, dass eine extreme Dürre oder ein extrem feuchtes Wetter eintritt beträgt beispielsweise jeweils 2,3 Prozent.

Wahrscheinlichkeit in Prozent	SPI	Stärke der Anomalie
2,3	≥ 2.0	Extrem feucht
4,4	1.5 – 2.0	Deutlich zu feucht
9,2	1.0 – 1.5	Mäßig zu feucht
34,1	0.0 – 1.0	Fast normal (etwas zu feucht)
34,1	-1.0 – 0.0	Fast normal (leichte Dürre)
9,2	-1.5 – -1.0	Mäßige Dürre
4,4	-2.0 – -1.5	Schwere Dürre
2,3	≤ -2.0	Extreme Dürre

Tab. 2: Deutscher Wetterdienst

In der Abbildung 4 ist beispielsweise der SPI-Verlauf bei einer Zeitskala von sechs Monaten für die Station Braunschweig dargestellt. Für die Jahre 2002 und 2003 können sehr deutlich die damaligen extremen Witterungen dargestellt werden. So erreicht der SPI im Jahr 2002 einen Peak nach oben, was auf extreme Feuchte hindeutet. Das Jahr 2003 hat sich dagegen durch extreme Dürre ausgezeichnet.

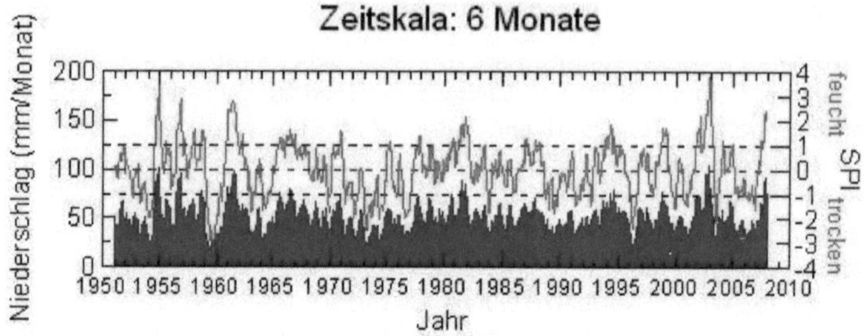

Abb: 4: SPI-Verlauf (rot) und monatliche Niederschlagssumme (blau) für die Station Braunschweig für den Zeitraum 1951 – 2007 bei einer Zeitskala von 6 Monaten. (Deutscher Wetterdienst)

Ein großer Vorteil dieses Indexes ist, dass er leichter zu berechnen ist als z.B. der PDSI, da weniger Variablen mit einbezogen werden müssen. Außerdem kann der SPI relativ leicht für verschiedene Zeitskalen angewendet werden (Hayes o.J: 2). Des Weiteren stellt es kein Problem dar, den Index für verschiedene Lokalitäten oder Klimate zu benutzen (Steinemann et al. 2005: 76).

Wie der SPI in der Praxis umgesetzt wird, zeigt eine Karte der USA, bei der beispielsweise die letzten zwölf Monate als Referenzzeitraum abgebildet sind (Abbildung 5). Hier ist z.B. interessant zu sehen, wie nah trockene und feuchte Gebiete beieinander liegen können.

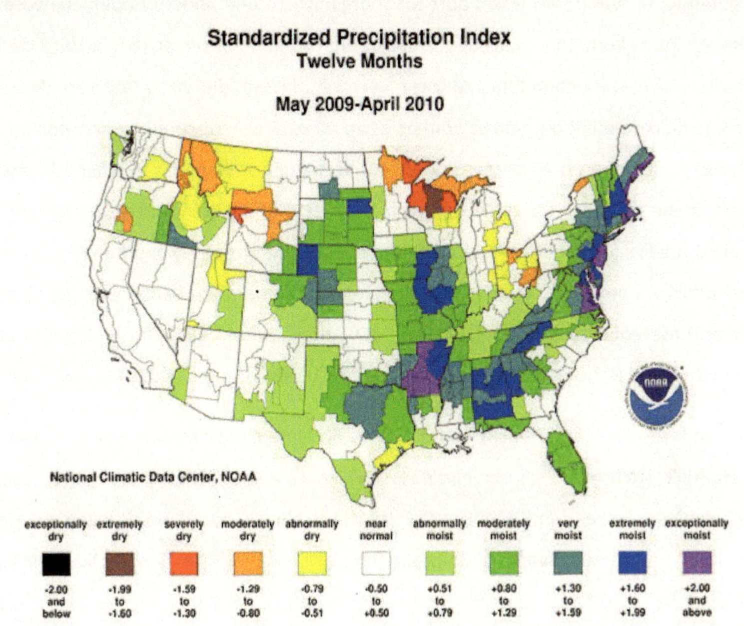

Abb. 5: SPI für die USA über den Zeitraum Mai 2009 bis April 2010 (National Climatic Data Center 4.5.2010)

3.2 Die landwirtschaftliche Dürre

Landwirtschaftliche Dürren beziehen sich v.a. auf den Wasserbedarf der Nutzungspflanzen vor Ort. Dabei ist besonders die Bodenfeuchte im Verlauf des Pflanzenwachstums wichtig. So sollte z.B. gerade zur Zeit der Saat und danach zumindest die obere Bodenschicht genügend Feuchte bereithalten, damit die Pflanzen keimen können. Ist zu dieser Zeit die Bodenfeuchte der oberen Schicht zu gering, kann es zu einer verringerten Anzahl von keimendem Saatgut kommen, was letztendlich im Verlauf der Saison den Ernteertrag verringern wird, auch wenn es in der weiteren Wachstumsphase genügend Niederschlag gibt (vgl. Wilhite & Glantz 1985: 114 f.). Nach Kulik sind besonders die oberen 20 cm des Bodens kritisch für die meisten Nutzpflanzen, da das Wurzelwerk hier mit Nährstoffen versorgt wird und das Wasser aufgenommen wird. Außerdem leben dort Mikroorganismen und andere Bodenlebewesen, die den Boden auflockern und somit den Lebensraum für die Pflanzen schaffen. Wird diese Bodenschicht nicht ausreichend mit Wasser versorgt, lassen die Aktivitäten in diesem Bereich nach. Kuliks Definition gemäß kommt es zu einer Trockenperiode, wenn nur noch 19mm Wasser in den oberen 20 cm des Bodens zur Verfügung stehen und zu einer schweren Trockenheit, wenn nur noch 9mm Wasser vorhanden sind (Kulik in Wilhite & Glantz 1985: 115). Da die Landwirtschaft weltweit die Grundlage der Ernährung der Menschen ist, werden landwirtschaftliche Dürren von mehreren weltweiten Organisationen beobachtet. Darunter sind die World Meteorological Organization (WMO), die Food and Agriculture Organization (FAO) und das United Nations Environment Programme (UNEP) (Boken 2005: 4).

Ein Index, der zwar nicht direkt die Bodenfeuchte misst, aber dennoch landwirtschaftlich wichtig ist, ist der ebenfalls von W. C. Palmer 1968 entwickelte „Crop Moisture Index" (im Folgenden: CMI). Der CMI basiert dabei v.a. auf Abweichungen von der normalen bzw. erwarteten Evapotranspiration für jede Woche über einem bestimmten Gebiet. Diese wiederum hängt eng mit der lokalen Temperatur zusammen und wird dafür, neben anderen Variablen, mit in die Berechnung einbezogen (Wilhite & Glantz 1985: 115). Im Gegensatz zum PDSI ist der CMI nur für die kurzfristige Vorhersage von Dürren in landwirtschaftlich genutzten Gebieten geeignet. Dafür werden wöchentliche Vorhersagen erstellt. Für die kurzfristige Vorhersage ist dieser Index geeignet, da er sehr schnell auf wechselnde klimatische Bedingungen in den Anbauregionen reagiert. Genau aus diesem Grund ist der CMI auch nicht für die langfristige Vorhersage geeignet, da z.B. ein ergiebiger Niederschlag in einer Region zu kurzfristigen Verbesserungen für das Pflanzenwachstum führen kann. Der Index würde dies sofort berücksichtigen. Solch ein Niederschlag hat aber möglicherweise keine Auswirkungen auf eine langfristige Dürre. Außerdem ist der CMI nur ein saisonaler Index, da er normalerweise mit Beginn der Wachstumsphase der Pflanzen beginnt und mit der Ernte endet. Das heißt, es können keine mehrjährigen Dürren erkannt werden und der CMI gibt auch keine Hinweise für die optimale Zeit der Aussaat bestimmter Feldfrüchte (Hayes o.J.: 6). Eine Karte des CMI für die USA wird dort in Kooperation des US Department of Commerce und of Agriculture wöchentlich im *Weekly Weather and Crop Bulletin* veröffentlicht. Beispielsweise ist hier eine Karte des CMI für die USA für Mitte Mai abgebildet (Abbildung 6). Die Skalierung reicht von -3, was einer schweren Dürre entspräche, bis +3, was für sehr feuchtes Wetter sprechen würde. In dieser Abbildung ist es z.B. lediglich in Teilen Louisianas etwas trocken, während es in einigen Teilen der USA eher zu feucht ist.

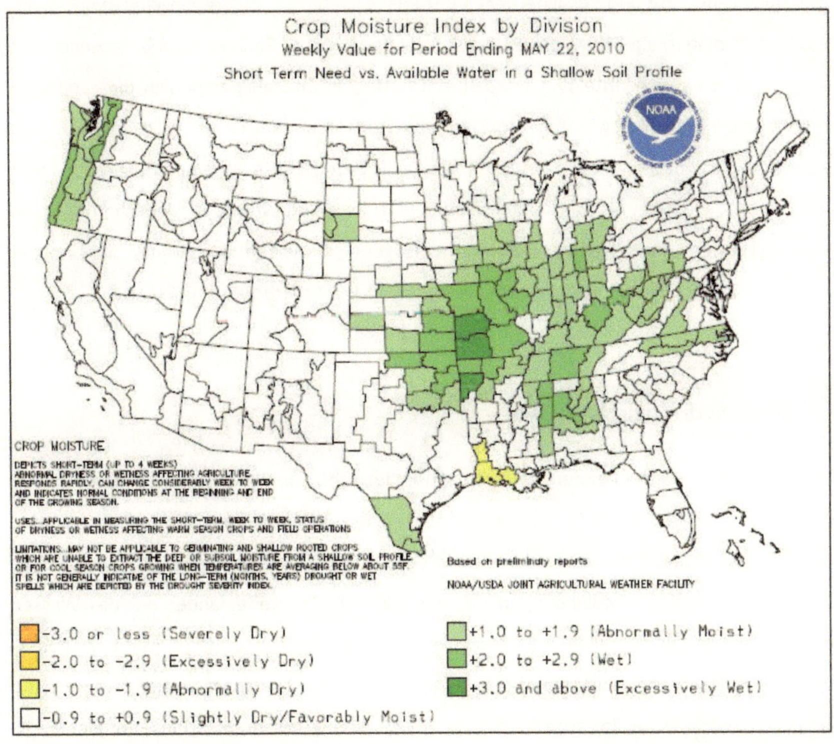

Abb. 6: Der CMI für die USA in der Woche 15. – 22.5.2010 (Weekly Weather and Crop Bulletin 25.5.10: 2).

Interessanterweise werden solche komplexen Indizes in der deutschen Landwirtschaft wenig angewendet. Hierzulande wird von frühsommerlicher Trockenheit gesprochen, von der besonders der Nordosten Deutschlands betroffen ist. Dies hängt dort zum einen mit geringen Niederschlägen zusammen. In Magdeburg z.B. fallen übers Jahr nur 513 mm Niederschlag und die maximale mögliche Verdunstung liegt von März bis Oktober über den durchschnittlichen Niederschlägen (Diercke Weltatlas 2002: 46). Das heißt, dass während der Wachstumsphase der Pflanzen von dem ohnehin wenig verfügbaren Wasser viel direkt verdunsten kann. Des Weiteren kann aufgrund der Bodenstruktur mit Löss- und

Sandergebieten in Nordostdeutschland viel Wasser versickern. Besonders im Frühsommer also, wenn die Pflanzen viel Wasser für ihr Wachstum benötigen, steht dort häufig wenig zur Verfügung. Landwirte und Versicherungen beziehen sich bei ihrer Dürreeinschätzung v.a. auf den Niederschlag in mm im Vergleich zum langjährigen Mittel. So bieten Versicherungen seit wenigen Jahren sogenannte Wetterindexversicherungen an, mit denen sich die Landwirte gegen trockenheitsbedingte Ernteausfälle absichern können. Dafür wird lediglich der Niederschlag der nächstgelegenen Wetterstation als Bezugsgröße genommen. Für jeden mm weniger Niederschlag als der Durchschnitt gibt es dann von der Versicherung eine Ausgleichszahlung. Im Zuge des Klimawandels gehen Experten davon aus, dass solche Versicherungen in Zukunft verstärkt nachgefragt werden (Agrarheute.com 2009).

3.3 Die hydrologische Dürre

Hydrologische Dürren können verschiedene Bereiche der Wassernutzung und des Wasserkreislaufs betreffen. Sie können sich lediglich auf den Abfluss beziehen, oder aber auch das Grundwasser sowie andere Wasserspeicher betreffen. So werden Wasserspeicher für viele verschiedene Anwendungen benutzt, die zum Teil miteinander um das Wasser konkurrieren. Darunter fallen z.B. Bewässerungssysteme, Wasserkraft, Erholungsräume, Trinkwasserversorgung, Lebensräume für Flora und Fauna, Transport und anderem mehr. Außerdem werden hydrologische Dürren oft in Verbindung mit ihrem Einfluss auf Flussläufe gebracht, da sie dort u.a. die Abflussmenge mitbestimmen. Dennoch stehen sie nicht immer in Verbindung mit meteorologischen oder landwirtschaftlichen Dürren, sondern können andere Einflussgrößen haben oder sie sind zeitlich deutlich verzögert (vgl. Wilhite & Glantz 1985: 115). Es könnte z.B. zu einer hydrologischen Dürre im gesamten Colorado-Fluss-Gebiet kommen, obwohl im mittleren und unteren Flusseinzugsgebiet normale meteorologische Bedingungen herrschen, es aber im vorigen Winter im Oberlauf, also in den Rocky Mountains nicht genug geschneit hat. Damit wäre die Schneeschmelze zu gering und die Wasserspeicher im Unterlauf könnten nicht gefüllt werden. Der Zusammenhang zwischen meteorologischer Dürre und hydrologischer Dürre wäre zwar auch hier vorhanden, allerdings würden sie mit deutlicher zeitlicher Verzögerung sowie großer örtlicher Diskrepanz auftreten. Es könnte auch zu einer hydrologischen Dürre kommen, wenn zu viel

Wasser aus den Speichern, z.B. für landwirtschaftliche Bewässerung, entnommen wird.

Eine der Möglichkeiten zum Messen von hydrologischen Dürren ist ähnlich einfach wie die zur Messung von meteorologischen Dürren, nur dass andere Variablen eingesetzt werden müssen. Bei der meteorologischen Dürre ist dies der Niederschlag, während es bei der hydrologischen Dürre der Abfluss sein kann. Hier ist es wieder wichtig, die richtigen Grenzwerte sowie einen geeigneten Vergleichszeitraum zu wählen. So kann in Gegenden, die einen relativ gleich bleibenden Abfluss über das ganze Jahr haben, ein und derselbe Grenzwert für das ganze Jahr gewählt werden. Entsprechend sollten aber auch jährlich wiederkehrende saisonale, monatliche oder auch tägliche Schwankungen des Abflusses mit entsprechend angepassten Grenzwerten berücksichtigt werden. Denn wenn diese Schwankungen jährlich auftreten, sind normalerweise die menschliche Nutzung sowie Flora und Fauna daran angepasst (vgl. Stahl 2001: 22). Abbildung 7 zeigt solche Beispiele der angepassten Grenzwerte über verschiedene Zeiträume. Daraus wird auch deutlich, welche Auswirkungen dies auf das Benennen einer hydrologischen Dürre haben kann. So werden in Abbildung 7 b) und c) mehrere kurze Dürren erkannt, während diese bei der jährlichen Grenzwertmethode in a) vernachlässigt werden würden.

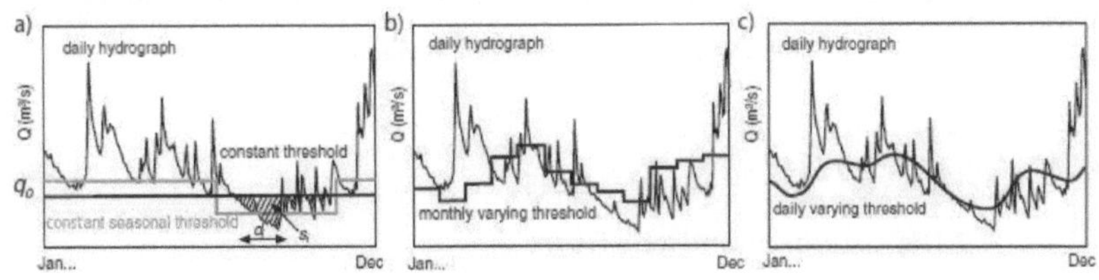

Abb. 7: Die Grenzwert-Methode bei zeitlich variierenden Grenzwerten (Stahl, 2001: 22)

Auch für die Messung hydrologischer Dürren gibt es multivariablen Indizes. So wurde 1982 der *Surface Water Supply Index* (im Folgenden: SWSI; „Swazee" genannt") von Shafer und Dezmann (u.a. in: Hayes o.J.: 6 f. und Steinemann et al. 2005: 79 f.) entwickelt. Er wurde entwickelt, um einen aussagekräftigen Index für Bergregionen wie in Colorado zu bekommen, da diese Regionen bei ihrer Wasserversorgung besonders auf die Schneedecke in den Bergen und das damit verbundene Schmelzwasser angewiesen sind. Der PDSI ist hier nicht geeignet, da er diese Variable nicht mit einberechnet. Der SWSI wird aus drei Parametern berechnet. Im Winter sind dies die Schneedecke, Niederschlag und Wasser aus Rückhalten. Im Sommer wird die Schneedecke durch den Abfluss ersetzt. Der Vorteil dieses Index ist, dass für jedes Einzugsgebiet in den Bergen genaue Daten erhoben werden können. Gleichzeitig ist die Berechnung für jedes Einzugsgebiet einzigartig, so dass Vergleiche schwierig sind. Wenn zudem Veränderungen im Wassermanagement eines Einzugsgebiets auftreten, muss die Berechnung modifiziert und neu gewichtet werden. Das macht langfristige Vergleiche ebenfalls schwierig. Dennoch wird der SWSI zusammen mit dem PDSI, z.B. in Colorado, benutzt, um den dortigen *Drought Assessment and Response Plan* zu aktivieren bzw. zu deaktivieren. Wie der PDSI, ist auch der SWSI im Normalfall 0, während die Skala von -4.2 bis +4.2 reicht. Es kann also auch ein Wasserüberschuss signalisiert werden (vgl. u.a. Hayes o.J.: 6 f. und Steinemann et al. 2005: 79 f.).

Als Erweiterung zum SWSI wurde schon vor einiger Zeit der *Reclamation Drought Index* (im Folgenden: RDI) vom Bureau of Reclamation in der USA entwickelt. Der RDI enthält dieselben Variablen wie der SWSI, wird aber noch durch einen Temperatur- und einen Zeitfaktor erweitert. Dies ist wichtig, da bei höheren Temperaturen auch ein erhöhter Wasserbedarf besteht bzw. die Evapotranspiration steigt. Durch die Temperatur bekommt der Index damit auch noch eine weitere meteorologische Variable (Hayes o.J: 8).

3.2 Die sozioökonomische Dürre

Auch zu der sozioökonomischen Dürre gibt es eine Vielzahl von Definitionen. Der Konsens scheint aber zu sein, dass es hier vor allem um eine Dürre geht, die durch Missmanagement der vorhandenen Wasserressourcen entsteht. Es wird also meistens mehr Wasser aus den Systemen entnommen, als natürlicherweise zur Verfügung steht (vgl. Alvarez & Estrela 2000: 18). Dies kann dadurch entstehen, dass eine der vorher beschriebenen Dürren eingetreten ist; es kann aber auch dadurch entstehen, dass der Wasserverbrauch steigt und schließlich über das Gleichgewicht von Angebot und Nachfrage bzw. der natürlichen Auffüllrate und der Wasserentnahme steigt. Die Gründe dafür können vielfältig sein. Dies kann durch steigende Bevölkerungszahlen geschehen, durch die Ansiedlung von Industrie, den Einsatz von

Bewässerungslandwirtschaft und anderem mehr. Ein großes Problem ist dabei, dass meistens der höchste Bedarf an Wasser besteht, wenn am wenigsten Wasser zur Verfügung steht, also z.B. im Sommer, wenn die Evapotranspiration besonders hoch ist, wird auch am meisten Wasser in der Landwirtschaft oder in privaten Haushalten benötigt. Zudem ist es schwierig zu berechnen, wann genau welcher Bedarf an Wasser besteht, da hier z.B. Entnahmen für Bewässerung, Freizeitaktivitäten, Trinkwasser, Industrie, Wasserkraft und für die Natur berücksichtigt werden müssen. Deren Bedarf ist aber nicht konstant, sondern hängt wieder mit anderen Umweltbedingungen zusammen (vgl. Alvarez & Estrela 2000: 18). Es wird also deutlich, dass sozioökonomische Dürren nur schwer zu messen sind, deshalb gibt es in der weiteren Literatur auch keine geeigneten Indizes, die diese Dürren genau quantifizieren könnten.

4. Der U.S. Drought Monitor als Beispiel eines integrierten Dürremanagementtools

Aus der oben beschriebenen Vielfalt von Definitionen und Indizes zum Berechnen und Vorhersagen von Dürren geht hervor, dass es wenig Sinn macht, sich nur auf einen Indikator zu stützen, wenn ein effektives Dürrenmanagement betrieben werden soll. Trotzdem haben die einzelnen Perspektiven dazu beigetragen das Phänomen Dürre besser zu verstehen und entsprechend in Klassifikationen einzuordnen. Die verschiedenen Indizes geben nun Agrarwirten, Behörden, Anwohnern, der Wirtschaft und anderen die Möglichkeit, die für ihre Region passenden Indizes zu benutzen und so ein entsprechend realistisches Bild der Dürregefahr zu bekommen.

Als eines der größten Länder der Erde und größter Wirtschaftsmacht mit vielen verschiedenen Klimazonen und Landschaften sowie riesigen Agrarflächen muss sich die USA in besonderem Maße mit Dürren auseinander setzen. Diese werden oder wurden zum Teil durch Selbstverschuldung verstärkt, wie durch Erosion der Böden aufgrund falscher Bewirtschaftungsmethoden. Ein bekanntes Beispiel ist die sogenannte *Dust bowl* in der

Region der Great Plains. Besonders in den 1930er Jahren herrschte dort eine lange Dürreperiode, aber auch im weiteren Verlauf des letzten Jahrhunderts gab es dort wiederholt Probleme mit Dürren. Die USA hatten aus diesem Grund ein umfangreiches Dürrenmanagementsystem entworfen, das allen Betroffenen, allen voran den Farmern, zur Verfügung steht. Eine Zusammenfassung der aktuellen Dürrelage findet sich jede Woche in dem *Weekly Weather and Crop Bulletin* (im Folgenden: WWCB), der in Kooperation vom U.S. Department of Commerce und dem U.S. Department of Agriculture veröffentlicht wird. Diesen Departments unterstehen dabei die National Oceanic and Atmospheric Administration, der National Weather Service sowie der National Agricultural Statistics Service und das World Agricultural Outlook Board. Dieser Bericht enthält Informationen über das Wetter, Höchst- und Tiefsttemperaturen, Werte und Karten zum PDSI und CMI sowie weitere wichtige Angaben für die amerikanischen Farmer.

Eine wichtige Angabe soll im Folgenden etwas genauer beschrieben werden. Der WWCB enthält auch den sogenannten U.S. Drought Monitor. Dieser ist so interessant, da er versucht, mehrere Angaben aus verschiedenen Indizes und anderen Messungen sowie die subjektiven Einschätzungen von lokalen Experten auf einen Nenner zu bringen, um so eine Karte für die USA zur derzeitigen Dürresituation zu erschaffen. Genauer beschrieben, werden quantitative Messungen wie der PDSI, SPI, Abflussinformationen, ein Bodenfeuchte Modell, Niederschlagswerte für verschiedene Zeitabschnitte und ein Vegetationsindex, der aus Satellitendaten gewonnen wird, mit den qualitativen Einschätzungen der Experten ergänzt (Steinmann et al. 2005: 82). Durch die subjektiven Einschätzungen ist es auch möglich, dass die Klassifikationen der Dürregefahr nicht auf Zahlen beschränkt sind, sondern in den Klassen D0 bis D4 abgebildet werden. Dies lässt den Experten mehr Raum zur Einschätzung der Lage vor Ort. Lediglich D4 ist dadurch definiert, dass hier eine 50-jährige Dürre auftreten muss[2]. Ein weiterer guter Punkt des Drought Monitors ist, dass zwischen hydrologischen und landwirtschaftlichen Dürren unterschieden wird. Dies ist besonders für die Benutzer dieser Dürrekarten wichtig, die natürlich an ihrer Nutzungsart des Wassers interessiert sind. Deutlich wird hier auch, dass der Drought Monitor landwirtschaftliche und andere wirtschaftliche Interessen vertritt und weniger wissenschaftliche, da nicht auf die meteorologische Dürre eingegangen wird, obwohl diese natürlich durch den SPI und PDSI

---

[2] Siehe: http://www.drought.unl.edu/dm/new.html

mit in die Berechnungen einfließt. Das Ergebnis ist ein grober Überblick der derzeitigen Dürregefahr für die USA und als dieser kann er auch nur gelten. Für kleinräumigere Ansichten müssen Gebietsangepasste Indikatoren verwendet werden, damit dortige Spezifika berücksichtigt werden können (vgl. Steinemann et al. 2005: 83). Mittlerweile gibt es diesen Drought Monitor auch schon für ganz Nordamerika[3], also Mexiko, USA und Kanada. Ein konkretes Beispiel des U.S. Drought Monitors zeigt Abbildung 8.

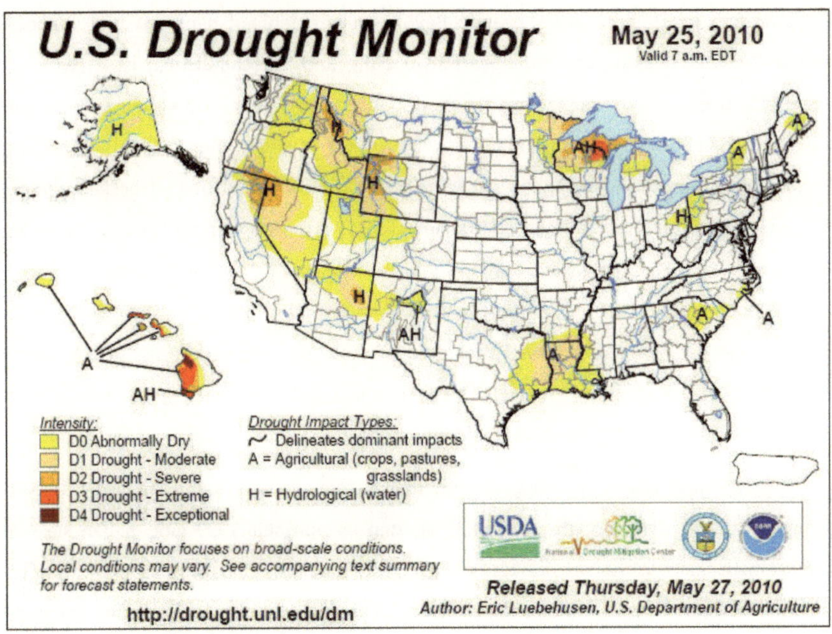

Abb. 8 : U.S. Drought Monitor (Weekly Weather and Crop Bulletin 02.06.2010: 4)

---

[3] Siehe: http://www.ncdc.noaa.gov/img/climate/monitoring/drought/nadm/nadm-current.gif

6. Fazit

Diese Arbeit hat gezeigt, wie viele Möglichkeiten es gibt, Dürren zu beschreiben, zu messen und zu klassifizieren. Es sollte aber auch deutlich geworden sein, dass eigentlich alle Messmethoden zwar ihre Vorteile haben, aber eben auch alle gewisse Nachteile aufweisen. Nicht nur aufgrund der Unzulänglichkeit der bisherigen Methoden beim Umgang mit Dürren, sondern auch im Hinblick auf steigende Bevölkerungszahlen auf der Welt und knapper werdender Wasserressourcen durch Verschwendung und Verschmutzung, ist es wichtig, dass effektivem Dürrenmanagement und damit auch der Entwicklung besserer Messmethoden mehr Aufmerksamkeit geschenkt wird. Denn für effektives Dürrenmanagement werden gute Dürreindikatoren benötigt, damit Trockenperioden frühzeitig erkannt werden können und entsprechend gehandelt werden kann. So könnten frühzeitig Nahrungsmittellager und Trinkwasserreserven angelegt werden oder entsprechende Lieferungen in Auftrag gegeben werden. Des Weiteren ist natürlich eine geplante und verantwortungsvolle Entnahme des Wassers aus Speichern notwendig. Doch dafür muss es zu einer Trendwende kommen, die statt Krisenmanagement vermehrt Dürrenmanagement und Prävention vorsieht (welt.de 2009).

Ein Beispiel, wie so ein Dürrenmanagementsystem aussehen kann, zeigt die USA. Mit dem WWCB und dem U.S. Drought Monitor, den es nun seit 1999 gibt, haben sie ein Management- und Vorhersagewerkzeug entwickelt, das dem Bedürfnis vieler Anwender entgegen kommt. Im Zusammenhang mit des U.S. Drought Monitors und anderen Angaben des WWCB kann ein relativ gutes Bild der aktuellen Lage in den USA gewonnen werden. Außerdem werden mit Satellitenmessungen, z.B. von der Vegetation, weitere Fortschritte gemacht werden, so dass der Drought Monitor in Zukunft vielleicht auch auf kleineren Maßstäben sinnvoll einzusetzen ist.

In Deutschland scheint es für die Landwirtschaft noch keine solche Managementinstrumente zu geben. Es wird größtenteils auf die einfache Messung des Niederschlags zurückgegriffen. Dies ist zwar mit wenig Aufwand verbunden, liefert aber mit Sicherheit nicht so gute Ergebnisse wie beispielsweise der CMI. Möglicherweise bestand hier bislang noch nicht der Bedarf, doch dies kann sich in Zukunft in Folge des Klimawandels möglicherweise noch ändern. Es besteht hier also durchaus noch Entwicklungsraum.

7. Bibliographie

- Alley, W.M., 1984, "The Palmer Drought Severity Index: limitations and assumptions", *Journal of Climate and Applied Meteorology*, 23, 1100-1109

- Alvarez, J. & Estrela, T., 2000, „Socio-economic Drought", in: Hisdal, H. & Tallaksen, L.M. (eds.), 2000, *Drought event definition*. ARIDE Tech. Report no. 6. Oslo, Norway: University of Oslo

- Boken, Vijendra K., 2005, "Agricultural Drought and its Monitoring and Prediction: Some Concepts", in: Boken, V.K., Cracknell, A.P. & Heathcote, R.L. (Hrsg.), 2005, *Monitoring and Predicting Agricultural Drought: A Global Study*, Oxford: OUP

- Hisdal, H. & Tallaksen, L.M. (eds.), 2000, *Drought event definition*. ARIDE Tech. Report no. 6. Oslo, Norway: University of Oslo

- Hudson, H. E. & Hazen, R., "Drought and low streamflow", in Chow, V. T. (ed.), 1964, *Handbook of Applied Hydrology*, New York: Mc-Graw-Hill, Kap. 18.

- Kulik, M. S., 1962, "Agroclimatic indices of drought", In: Davidaya, F. & Kulik, M.S. (eds.), *Compendium of Abridged Reports to the Second Session of CAgM (WMO)*, Moscow: Hydrometeorological Publishing; trans. Nurlik, A., *Meteorological Translations, 7*. 75-81

- Mawdsley, J., Petts, G. & Walker, S., 1994, "Assessment of drought severity", *British Hydrological Society Occasional Paper No. 3*, UK.

- Steinemann, A., Hayes, M.J. & Cavalcanti, L., 2005, „Drought Indicators and Triggers", in: Wilhite, D. (Hrsg.) *Drought and Water Crises: Science, Technology, and Management Issues*, Boca Raton, FL: Taylor & Francis Group

- Stahl, Kerstin, 2001, *Hydrological Drought – A study across Europe*, Albert-Ludwigs-Universität Freiburg i.Br.

- Strahler, A. H. & Strahler, A. N., 1999, *Physische Geographie*, 2. überarbeitete Aufl., Stuttgart: Eugen Ulmer Verlag

- Weekly Weather and Crop Bulletin, 25.5.2010a, Vol. 97, No. 21 unter: http://www.usda.gov/oce/weather/pubs/Weekly/Wwcb/wwcb.pdf

- Weekly Weather and Crop Bulletin, 2.6.2010b, Vol. 97, No. 22 unter: http://www.usda.gov/oce/weather/pubs/Weekly/Wwcb/wwcb.pdf

- Wilhite, D. A. and Glantz, M. H., 1985, "Understanding: the Drought Phenomenon:

The Role of Definitions", *Water International*, 10: 3, 111 — 120

Weitere Quellen:

- Agrarheute.com, 17.6.2009, *Witterungsrisiken im Griff behalten*, Zugriff am 12.6.10
  unter:
  http://www.agrarheute.com/management/recht_und_versicherung/witterungsrisike
  n_im_griff_behalten_.html?redid=304765

- Bayrischen Landesamts für Umwelt, 2008, Zugriff am 3.6.10 unter:
  http://www.nid.bayern.de/hilfe/

- Deutscher Wetterdienst, Zugriff am 3.6.10 unter:
  http://www.dwd.de/bvbw/appmanager/bvbw/dwdwwwDesktop;jsessionid=4JGmLx
  0WCNrgph8QLLc1LbRLvNfRCFGbjylL1wf9N2plCSny1NX8!-606973469!-
  371116969?_nfpb=true&_pageLabel=dwdwww_result_page&gsbSearchDocId=69963
  4

- Dierke Weltatlas, 2002, 5. Aktualisierte Aufl., Braunschweig: Westermann

- Hayes, Micheal, o.J., *Drought Indices*, Zugriff am 11.04.10, unter:
  http://climate.gi.alaska.edu/courses/geog493/downloads/drought_indices.pdf

- Lexikon der Geographie, 2006, CD-ROM

- National Climatic Data Center, 4.5.2010, *Climate of 2010 - April U.S. Standardized
  Precipitation Index*, unter:
  http://lwf.ncdc.noaa.gov/oa/climate/research/prelim/drought/spi.html, Zugriff am
  4.6.10

- National Drought Mitigation Center, 2006, *What is Drought? Understanding and
  defining drought*, Zugriff am 31.5.10 unter:
  http://www.drought.unl.edu/whatis/concept.htm

- Statista 2010, Zugriff am 9.6.10 unter:
  http://de.statista.com/statistik/daten/studie/154946/umfrage/anzahl-der-
  weltweiten-todesopfer-infolge-von-duerreperioden/

- Welt.de, 16.3.10, *Experten sehen Gefahr einer globalen Wassernot*, Zugriff am
  10.6.10 unter: http://www.welt.de/wissenschaft/umwelt/article3387521/Experten-
  sehen-Gefahr-einer-globalen-Wassernot.html